Abtheilung Hamburg

der Deutschen Kolonial-Gesellschaft.

Deutsche Interessen in Brasilien

von

Dr. R. Krauel,

Geheimer Legationsrath u. Kaiserlicher Gesandte z. D.

Vortrag gehalten am 9. Januar 1900
in der Abtheilung Hamburg der Deutschen Kolonial-Gesellschaft.

HAMBURG:

L. Friederichsen & Co.

(Inhaber: Dr. L. Friederichsen).

1900.

Deutsche Interessen in Brasilien

von

Dr. R. Krauel,

Geheimer Legationsrath u. Kaiserlicher Gesandte z. D.

Vortrag gehalten am 9. Januar 1900
in der Abtheilung Hamburg der Deutschen Kolonial-Gesellschaft.

HAMBURG:
L. Friederichsen & Co.
(Inhaber: Dr. L. Friederichsen).
1900.

Um ein Urtheil über die Aussichten zu gewinnen, die sich für eine Stärkung und Entwicklung der deutschen Interessen in Brasilien bieten, ist es erforderlich zunächst einen kurzen Blick auf die dortigen politischen Zustände zu werfen, die bekanntlich in überseeischen Staaten noch mehr, als dies in Europa der Fall ist, das wirthschaftliche Leben und die wirthschaftlichen Unternehmungen der Einzelnen beeinflussen. Die vor 10 Jahren erfolgte Umwandlung des brasilianischen Kaiserreiches in eine Bundesrepublik von 20 Staaten nach dem Muster der Vereinigten Staaten von Nord-Amerika, deren Verfassung auch für das republikanische Brasilien zum Vorbild gedient hat, ist vor sich gegangen, ohne nachhaltige politische Erschütterungen zu hinterlassen. Das Kaiserthum als solches war schon lange ohne überzeugte Anhänger in den gebildeten Kreisen der Bevölkerung und hatte nach der überstürzten Aufhebung der Sklaverei auch die Sympathien der einflussreichen Klasse der Pflanzer und grossen Grundbesitzer verloren, welche bis dahin die Stütze des Thrones gewesen waren. Als einziger monarchischer Staat auf dem amerikanischen Kontinente, rings von Republiken umgeben, hätte sich Brasilien als Kaiserthum nur halten können unter der Herrschaft kräftiger Regenten und gestützt von der monarchischen Gesinnung seiner Bewohner. Beides fehlte. Dom Pedro II., der letzte Kaiser, coquettirte schon selbst mit republikanischen Ideen, er pflegte sich den ersten Republikaner seines Landes zu nennen und konnte sich daher nicht wundern, wenn seine Unterthanen die Konsequenzen dieser Anschauung zogen und nicht monarchischer sein wollten als der Monarch. Daher ist ein ernsthafter Versuch zu einer monarchischen Restauration in Brasilien überhaupt nicht gemacht worden, auch der sogenannte Flottenaufstand von 1893 und 1894, der in Europa vielfach als ein solcher angesehen wurde, war es mehr dem Scheine als der Wirklichkeit nach. Selbst wenn er siegreich geblieben wäre, würde weder der Kaiser Dom Pedro selbst bei längerem Leben — er starb schon am 5. December 1891 — noch ein anderes Mitglied der Kaiserlichen Familie die Verhältnisse für sicher genug gehalten haben, um auf dem unterwühlten, jedes festen Fundaments entbehrenden Throne Platz zu nehmen.

Drohender war die Gefahr einer militärischen Diktatur, mit welcher der erste Präsident der Republik General da Fonseca den Anfang gemacht hatte. Doch reichte seine Autorität zu einer solchen nicht aus, und der ihm nach seiner erzwungenen Abdankung in der Präsidentenwürde folgende Marschall Floriano Peixoto erwarb sich das grosse Verdienst, den Gesetzen Achtung zu verschaffen und die Bahn frei zu machen für die seitdem unter Beobachtung der verfassungsmässigen Formen gewählten bürgerlichen Präsidenten, die sich nicht auf Heer und Flotte stützen. Man hat häufig gemeint, dass mit der Errichtung der Republik die Gefahr einer Theilung des Landes in verschiedene Staatsgebilde sich vergrössern würde. Meines Erachtens mit Unrecht. Gerade unter dem Kaiserreich fanden mehrfach separatistische Bewegungen statt, die theils einen republikanischen Charakter trugen,. theils dem Wunsche einzelner Provinzen, im Süden und im Norden des Reiches, nach grösserer Autonomie entsprangen. Jetzt bildet die republikanische Staatsform das einigende Band und die neue Verfassung gewährt den zu Einzelstaaten umgeschaffenen Provinzen ein solches Maass von eigener Regierung und Selbstverwaltung, dass die Agitation für eine noch grössere Unabhängigkeit oder für die vollständige Trennung von den anderen Bundesstaaten den Boden verloren hat. Auch da, wo die Neigung für eine Sonderexistenz noch besteht, sieht man immer mehr die politischen und wirthschaftlichen Nachtheile ein, die sich aus einer Zertrümmerung der Einheit des Reichs für die einzelnen Glieder ergeben würden. Die internationalen Beziehungen Brasiliens haben sich seit der Revolution vom 15. November 1889 in erfreulicher Weise konsolidirt.

Die Umwandlung in eine Republik ist von den benachbarten republikanischen Staaten, die das Kaiserreich misstrauisch betrachteten, mit Freuden begrüsst, langwierige Grenzstreitigkeiten mit Argentinien, die den Keim eines Krieges in sich trugen, sind durch schiedsrichterlichen Spruch zu Gunsten Brasiliens beigelegt, kein Staat in Südamerika denkt daran, Brasilien anzugreifen oder fürchtet von ihm angegriffen zu werden, Interessen-Konflikte mit europäischen Staaten bestehen nicht, kurz Brasilien befindet sich zur Zeit in der beneidenswerthen Lage, keine politischen Rivalen zu besitzen und seine Grenzen nicht gegen äussere Feinde im Vertheidigungszustande erhalten zu müssen. Dieser gesicherte internationale Zustand fällt gegenüber anderen

Staaten, die stets auf die Gefahr eines Krieges gefasst sein müssen, erheblich in's Gewicht und ist auch für die fremden Handelsinteressen, die nur im Schatten des Friedens gedeihen können, von der grössten Bedeutung. Denken Sie beispielsweise an die Zustände in Ostasien, wo ein grosses, in sich zerfallendes Reich von beutelustigen Mächten umgeben ist, wo täglich eine innere Revolution oder ein internationaler Konflikt von unberechenbarer Tragweite ausbrechen können. Brasilien ist solchen Eventualitäten nicht ausgesetzt, die Republik noch weniger als das Kaiserreich, und wir können vom Standpunkt der deutschen Interessen nur wünschen, dass ihr dieser Vorzug lange erhalten bleiben möge, und dass dort nicht innere Unruhen eine Gefahr heraufbeschwören, die in minder glücklich situirten Ländern von Seiten des äusseren Feindes droht.

Nach diesem Exkurs auf das im engen Zusammenhange mit den wirthschaftlichen Fragen stehende politische Gebiet wende ich mich jetzt zu einer näheren Betrachtung der Verhältnisse, die für die kommercielle Bedeutung Brasiliens in's Gewicht fallen. Der enthusiastisch veranlagte Brasilianer pflegt hierbei gerne auf die unerschöpflichen natürlichen Reichthümer des Landes und die ungeheure geographische Ausdehnung des vorhandenen Gebietes hinzuweisen. In der That ist Brasilien, wie Sie wissen, eines der grössten Länder der Welt; sein Flächeninhalt ist etwa 15½mal so gross als der des Deutschen Reiches, aber von dieser gewaltigen Ländermasse ist nur ein verhältnissmässig kleiner Bruchtheil kultivirt und bewohnt, mehr als neun Zehntel sind menschenleere Einöden und werden es noch für lange Zeit bleiben. Die gesammte Einwohnerzahl Brasiliens wird heute auf 16 Millionen geschätzt, geschätzt sage ich, denn eine Volkszählung hat zuletzt Ende 1890 stattgefunden und ergab damals rund 14334000 Einwohner. Wer da weiss, was officielle Statistik in Brasilien bedeutet und mit welchem unvollkommenen Apparat derartige Zählungen ausgeführt werden, wird gegen die Ergebnisse sehr misstrauisch sein. Nach der Verfassung Brasiliens soll alle 10 Jahre von Bundeswegen ein Census stattfinden, der nächste also Ende 1900. Ob die Vorbereitungen dazu bereits getroffen und von dem Kongress die sehr bedeutenden, für eine genaue Volkszählung erforderlichen Summen bereits bewilligt sind, ist mir nicht bekannt. Jedenfalls werden wir noch lange warten müssen, bis die Resultate des neuen Census vorliegen, wenn mit derselben Langsamkeit oder Gründlichkeit gearbeitet wird, wie bei der Zählung von 1890, deren Ziffern erst 1897 amtlich veröffentlicht wurden. Immerhin würde Brasilien mit 16 Millionen Einwohnern an der Spitze der südamerikanischen Grossmächte stehen, da die argentinische Republik noch nicht 5, Chile wenig über 3 Millionen Einwohner zählen. Aber dieses Uebergewicht in der Bevölkerung hat keineswegs die Folge gehabt, dass der Umfang des Ein- und Ausfuhrhandels und der Schiffahrt in Brasilien nun auch entsprechend grösser wäre, als in den übrigen Staaten Südamerikas.

Brasilien als Handelsgebiet in seinen Beziehungen zu Europa und Nordamerika kann in 3 Theile zerlegt werden, die sehr verschiedene sind sowohl in den Produkten, die sie hervorbringen, wie in der Aufnahmefähigkeit für fremde Güter, wie endlich in den allgemeinen Verkehrsverhältnissen und der gesammten wirthschaftlichen Entwicklung. Zunächst der tropische Norden mit dem Hochplateau und dem Tiefland, welches der Amazonenstrom mit seinen Zuflüssen durchströmt, von riesiger Ausdehnung etwa 3/5 der ganzen Oberfläche von Brasilien umfassend, einschliesslich die südlich davon gelegenen Staaten Pernambuco, Alagoas, Sergipe und Bahia. Hier kommen für den fremden Handel zunächst Manaos, die Hauptstadt von Amazonas, und Pará in Betracht, die beiden Centren für den wichtigen Gummi-Export, die man seit einigen Jahren versucht hat, durch einen Kabel zu verbinden, bisher jedoch ohne dauernden Erfolg, da die reissende Strömung des Amazonenflusses und die dadurch bedingten unaufhörlichen Veränderungen des Flussbettes die Leitungen stets wieder zerstörten. An dem lebhaften Schiffsverkehr auf dem Amazonenflusse ist bedauerlicher Weise die deutsche Flagge bisher nicht vertreten. Während die Verbindung mit den übrigen Häfen Brasiliens, also die Küstenschiffahrt, gesetzlich der nationalen Flagge vorbehalten ist, haben zwei englische Dampfergesellschaften und eine neue, von den Staaten Pará und Amazonas subventionirte italienische Dampferlinie, die Ligure-Brasiliane in Genua, das gewinnbringende Monopol des Frachtverkehrs mit Europa. Auch Pará, die grosse und blühende Handelsstadt, die schon fast 100000 Einwohner zählt, wird von deutschen Dampferlinien, die nach Brasilien fahren, nicht angelaufen. Die Folge ist, dass, obgleich die bedeutendsten Exportfirmen in Pará deutsche sind, Deutschland keinen direkten Antheil an der Ausfuhr hat. Gummi, der Hauptartikel, dessen

Werth im Jahre 1897 auf 150 Millionen Mark geschätzt wurde, geht nach Liverpool, Hâvre und Newyork, die Kakao-Ernte fast ausschliesslich nach Frankreich, die Pará-Nüsse nach Liverpool. Die Einfuhr aus Deutschland leidet natürlich ebenfalls unter der mangelnden Schiffsverbindung mit deutschen Häfen, doch ist Dank den dorthin vordringenden deutschen Handlungsreisenden der Verbrauch an deutschen Artikeln, unter welchen Eisenwaaren, Steingut, Papier, Strumpfwaaren und Kassenschränke zu nennen sind, trotzdem ein starker und natürlich noch grosser Entwicklung fähig. Die uns bisher überlegenen Konkurrenten im Amazonengebiet sind England und die Vereinigten Staaten, namentlich die letzteren machen grosse Anstrengungen, auch im Importgeschäft immer mehr Boden zu gewinnen. Die Lieferungen von Mehl haben sie bereits monopolisirt, bei den fertigen chemischen Präparaten die fremde Konkurrenz, insbesondere die auf diesem Gebiete so leistungsfähige deutsche Industrie, fast gänzlich verdrängt, und auch bei Eisenkonstruktionen und Hüttenerzeugnissen sich den Löwenantheil errungen. Dabei ist zu bemerken, dass Pará der einzige bedeutende Seehafen Brasiliens ist, in welchem im Vorjahre die Einfuhr fremder Produkte erheblich zugenommen hat, in allen anderen Häfen war angesichts der schlechten Geschäftslage ein starker Rückgang zu verzeichnen. In Folge der grossen Umsätze die in Pará stattfinden, florirt natürlich auch das Bankgeschäft, indess wäre sehr zu wünschen, dass die brasilianische Bank für Deutschland der Frage näher trete, ob es nicht zweckmässig sein würde, dort ebenfalls eine Filiale zu gründen, wie dies im vorigen Jahre in Porto-Alegre für den Süden Brasiliens geschehen ist. Diese beiden Nordstaaten geniessen ausserdem den für die brasilianischen Verhältnisse besonders seltenen Vorzug, sich in einer guten finanziellen Lage zu befinden. In Folge der hohen Exportzölle, die sie namentlich auf Gummi erheben, weisen die Staatskassen Ueberschüsse auf, aus denen Dampfersubventionen bezahlt, Verkehrsverbesserungen hergestellt und Prämien für die Anpflanzung von Kakao und Kaffeebäumen, sowie für die Ausfuhr zubereiteten Tabaks ausgesetzt werden. Auch die Einwanderung geeigneter Kolonisten aus Europa wird staatlich unterstützt, wobei wegen des tropischen Klimas deutsche Einwanderer natürlich nicht in Betracht kommen können. Pernambuco, in seiner äusseren Anlage noch vielfach den holländischen Ursprung verrathend, ist die nördlichste Stadt auf dem brasilianischen Festland, die von den Dampfern der hamburg-südamerikanischen Linien und des Norddeutschen Lloyd angelaufen wird. Auch hier befinden wir uns noch, was die fremden Interessen angeht, fast in einer Domäne des englischen und nordamerikanischen Handels. Die deutsche Kolonie ist klein und der Verbrauch deutscher Artikel, obgleich im Wachsen begriffen, hat sich bisher in bescheidenen Grenzen gehalten. Zucker, das wichtigste Landesprodukt, wird nach Südbrasilien, Nordamerika und England verschifft. In den grossartig eingerichteten Zuckerfabriken, die ich in der Nähe von Pernambuco im Juli 1896 besuchte, waren alle Maschinen nordamerikanischen oder französischen Ursprungs. Die Eisenbahnen dieses Staats sind theilweise in englischen Händen.

Die erste Anschauung von dem Umfang und der Wichtigkeit des deusch-brasilianischen Handels erhält man in Bahia. Die Pioniere sind Bremer Firmen gewesen, die auch heute noch das dortige Tabaksgeschäft beherrschen. Von Brasil-Tabak kamen im Jahre 1897: 301 585 Centner im Werthe von rund 19½ Millionen Mark nach Bremen, im Jahre 1898: 422 082 Centner im Werthe von über 22½ Millionen Mark. Von den 431 140 Ballen Tabak, die 1898 zur Verschiffung in Bahia gelangten, wurden 326 241 auf deutschen Schiffen verladen, ausserdem brachten englische Schiffe weitere 43 000 Ballen auf den deutschen Markt. Auch von den Tabaks-Fabriken im Innern des Staates Bahia sind viele deutsches Eigenthum oder mit Hülfe von deutschen Kapitalien gegründet und unterhalten. Am bekanntesten sind die Fabriken des Herrn Dannemann — eines geborenen Bremers — in San Felix, dem Herkunftsort der Felix-Cigarre, die seit lange in Deutschland eingebürgert ist. Herr Dannemann hat sich — nebenbei bemerkt — ausser vielen anderen Verdiensten auch das erworben, die früher in Nordbrasilien unbekannte Frauen-Arbeit zuerst in den Tabaksfabriken eingeführt und dadurch viel zur Hebung des Wohlstandes unter der einheimischen Bevölkerung beigetragen zu haben. Sonst ist deutsches Kapital nur noch in einigen Kakao-Plantagen investirt, dagegen nicht in den zahlreichen industriellen Etablissements, denen man in Bahia begegnet. Es besteht dort unter anderm die grösste Baumwollspinnerei Brasiliens, welche einer einheimischen Aktiengesellschaft, dem Emporio Industrial do Norte gehört. Bei einem Besuch derselben im Oktober 1895 fand ich, dass die darin enthaltenen Webstühle und sonstigen Maschinen fast alle aus England stammten, wenige nur aus Chemnitz, auch die verarbeiteten Garne — es werden nur grobe und gewöhnliche Stoffe für die unteren und mittleren Klassen der Bevölkerung hergestellt — waren durchgängig englisches Fabrikat. Die technischen Leiter waren Schweizer, die Arbeiter mit wenigen Ausnahmen Brasilianer. Versuche mit deutschen, österreichischen und belgischen Arbeitern hatten keinen Erfolg gehabt. Auch in diesen Staaten sind es nur englische Gesellschaften, die sich mit dem Bau und Betrieb mit Eisenbahnen beschäftigen, dagegen überwiegt wie beim Export- so auch beim Importgeschäft die deutsche Vermittlung, was auch äusserlich dadurch zu Tage tritt, dass in der Fremdenbevölkerung Bahia's, abgesehen von den Portugiesen und Italienern, die für den Grosshandel kaum in Betracht kommen, die deutsche Kolonie an Zahl und Bedeutung den ersten Rang einnimmt. Der deutsche Schiffsverkehr im Hafen von Bahia bezifferte sich im Jahre 1898 auf 133 Dampfer mit rund 278000 Reg.-Tonnen und blieb damit hinter dem englischen zurück, welcher 180 Dampfer von 427710 Reg.-Tonnen zählte. Hinsichtlich des Frachtverkehrs und der Personenbeförderung zwischen Lissabon und Bahia machen neuerdings auch wieder die Dampfer der portugiesischen Mala Real eine scharfe Konkurrenz.

Das zweite Gebiet, in welches Brasilien unter handelspolitischen Gesichtspunkten sich theilen lässt, umfasst die mittleren Staaten der Republik: Espirito Santo, Rio Janeiro, São Paulo, Minas Geraes. Die drei letzten Staaten bilden den bevölkertsten, reichsten, wirthschaftlich entwickelsten und so zu sagen den modernsten Theil Brasiliens, welcher auch die politischen Geschicke des Landes bestimmt. In ihm liegt der wichtigste Handels- und Schiffahrtsplatz Rio Janeiro, das heute vielleicht 700000 Einwohner zählen mag, zugleich die provisorische Bundeshauptstadt, denn die zukünftige definitive soll nach Art. 3 der Verfassung in einer centralen Lage im Hochplateau des Innern — man denkt an das Plateau von Goyaz — auf einem zu diesem Zweck reservirten Terrain von 14400 qk erst gebaut werden, ein etwas nebelhaftes Projekt, dessen Ausführung wir schwerlich erleben werden. Ein gefährlicher Rivale ist für Rio in der mit amerikanischer Schnelligkeit emporgeblühten Stadt São Paulo entstanden, deren Bevölkerung nach dem Census von 1890 nur 65000 betrug, heute auf 230000 geschätzt wird, unter welcher die deutsche Kolonie durch Rührigkeit und Intelligenz eine hervorragende Stellung einnimmt. In dem Hafen für São Paulo, dem früher wegen seiner Fieberepidemien berüchtigten Santos verkehrten im Jahre 1898 mehr deutsche Schiffe als in Rio, nämlich 142 von 231 700 Reg.-Tonnen gegen 125 von 217 500 Reg.-T. Santos ist neben Bahia auch der einzige Hafen in Nord- und Mittel-Brasilien, in welchem der Schiffsverkehr unter deutscher Flagge demjenigen unter englischer wenigstens nahe kommt. In Rio stellte sich 1898 das Verhältniss zu Gunsten der englischen Flagge noch fast wie 5 zu 1., was sich bei den Dampfern allerdings zum Theil daraus erklärt, dass Rio von den grossen englischen Postdampfern, die nach dem La Plata weitergehen, angelaufen wird. Aber bei den Segelschiffen ist das Verhältniss für uns noch ungünstiger: 122 englische gegen 20 deutsche. Auch Norwegen und die Vereinigten Staaten sind uns, was Zahl und Tonnengehalt der Segelschiffe betrifft, in Rio noch voraus; im Dampferverkehr rangirten wir, von England abgesehen, in dem genannten Jahre auch hinter Frankreich, und — allerdings nur um 2000 Tons — auch hinter Italien. Der Umfang der Handelsinteressen dieser letzteren Länder in Brasilien kann sich freilich sonst mit den deutschen nicht messen. Die französische Industrie, die früher den Markt in Rio beherrschte, ist jetzt von der deutschen in vielen Artikeln, namentlich auch in den articles de Paris, überflügelt und dürfte trotz grosser Anstrengungen, die sie in letzter Zeit gemacht hat, den von uns gewonnenen Vorsprung sobald nicht einholen. Im übrigen kann es hier nicht meine Aufgabe sein, die gegenseitigen Handelsverhältnisse der verschiedenen Nationen in diesen wichtigsten und bekanntesten Gebieten Brasiliens näher darzulegen. Eine brauchbare amtliche Statistik über die Einfuhr in den brasilianischen Häfen ist überhaupt nicht vorhanden. Man ist auf Uebersichten angewiesen, die nach den Schiffsmanifesten aufgemacht sind, oder auf die Zahlen, welche die Ausfuhr-Statistik der einzelnen mit Brasilien im Verkehr stehenden Länder enthält. Nur das kann mit einiger Sicherheit behauptet werden, dass Deutschland bei der Einfuhr in Rio und São Paulo mit seinen Industrieartikeln die dritte Stelle einnimmt, und dass die Umsätze, welche die dortigen deutschen Firmen und die deutschen Handlungsreisenden vermitteln, vielleicht grösser sind, als die irgend einer andern Nation. Der merkliche Rückgang der Einfuhr in den letzten Jahren liegt einmal an dem umgünstigen Wechselkurs für die entwerthete Landesmünze, dem Milreis, dann an der Entwicklung der einheimischen Industrie, die theilweise durch prohibitive Zölle geschützt ist, und endlich an dem enormen Sinken der Kaffeepreise, unter welchem die Kaufkraft des Landes für fremde Waaren schwer gelitten hat. Denn das ganze Geschäft steht hier unter dem Einfluss des Kaffee, dessen Preisschwankungen für den nationalen Wohlstand in diesem Theile Brasiliens entscheidend sind. Um über den Umfang der Produktion einige Ziffern anzuführen, erwähne ich, dass im Jahre 1798 über Santos fast $5^{3}/_{4}$ Millionen Sack Kaffee — der Sack zu 60 kg — verschifft wurden, darunter nach Hamburg 1369616 Sack, nach den Vereinigten Staaten 1544288 Sack, nach Frankreich 737136 Sack. In Rio sind ähnliche Quantitäten zur Verschiffung gelangt. Das deutsche Kapital hat sich neuerdings in grösserem Umfange den industrieellen Unternehmungen in Mittelbrasilien zugewandt, namentlich der Anlage von Brauereien, da der Import deutschen Bieres nach dort fast ganz aufgehört hat. Sehr wichtig für unsere Interessen ist, dass auch deutsche Elektricitäts-Gesellschaften in Rio und im Verein mit einem belgischen Syndikat auch in Bahia Fuss gefasst haben. Bisher war dieses gewinnbringende und zukunftsreiche Arbeitsfeld den Nordamerikanern überlassen, die sowohl die elektrischen Betriebe in Rio zu monopolisiren suchten, als namentlich auch in São Paulo eine grossartige elektrische Centrale angelegt haben.

Englisches Geld ist hier, wie überall in Brasilien, in den unter englischer Leitung stehenden Eisenbahnlinien mit Nutzen investirt; die englischen Eisenbahnen in São Paulo haben trotz der schlechten Zeiten im Vorjahre noch eine gute Dividende gegeben, während deutsche Kapitalisten bei der Oeste Minas Bahn einmal wieder die Erfahrung gemacht haben, wie unsicher der Besitz solcher Eisenbahn-Obligationen ist, solange die Verwaltung eine brasilianische bleibt. Englische Gesellschaften haben auch seit einer Reihe von Jahren grosse Landkomplexe mit Kaffeeplantagen für eigenen Betrieb in São Paulo erworben, bei den dauernd niedrigen Kaffeepreisen freilich ein sehr riskantes Geschäft, so dass ich glauben möchte, dass unsere Kapitalisten in diesem Falle richtiger gehandelt haben, wenn sie sich darauf beschränkten, ihre Gelder in São Paulo gegen Verpfändung von Kaffee-Grundstücken auszuleihen, ohne selbst den Betrieb zu übernehmen. Bemerkenswerth ist noch, dass in der ganzen Provinz Minas

Geraes, welche mehr wie 1/5 der Gesammtbevölkerung Brasiliens enthält, direkte deutsche Interessen nicht vorhanden sind. Die dort befindlichen Goldbergwerke, im Besitz englischer Gesellschaften, scheinen allerdings ziemlich erschöpft zu sein, die sonstigen mineralischen Schätze dieses Staates harren dagegen noch der Ausbeute. Grosse neue Lager von Manganerzen sind im vorigen Jahre entdeckt, deren Förderung von einem belgischen Konsortium beabsichtigt wird, das bereits die Manganerzlager bei Ouro Preto, der früheren Hauptstadt von Minas, erworben hat.

Ich wende mich jetzt zu den drei Südstaaten Brasiliens, Paraná, Santa Catharina und Rio Grande do Sul, die zwar an kommerzieller Bedeutung erheblich den mittleren Staaten, und auch dem Norden nachstehen, bei uns aber stets besonderes Interesse erregt haben, weil sie eine Zeit lang das Ziel einer verhältnissmässig lebhaften deutschen Auswanderung waren und Territorien besitzen, auf welchen deutsche Ansiedler sich in kompakten Massen niedergelassen und wenn auch nicht ihre Nationalität, so doch ihre Sprache, Sitten und gut deutschen Gesinnungen bewahrt haben.

Seit den farbenreichen Schilderungen in den Romanen von Gerstäcker über seine Erlebnisse in Süd-Brasilien bis zu den Berichten des Forschungsreisenden Hugo Zöller und seiner Nachfolger von den Deutschen im brasilianischen Urwald ist soviel über die dortigen deutschen Kolonisten und die Pflichten, welche Deutschland ihnen gegenüber zu erfüllen habe, geschrieben und gedruckt worden, dass, wenn schön illustrirte Bücher oder Zeitungsartikel unseren überseeischen Landsleuten helfen könnten, sie sich in einer beneidenswerthen Stellung befinden müssten. Erst verhältnissmässig spät ist man zu der Einsicht gekommen, dass es ihnen und uns weit mehr nützt, wenn man, anstatt phantastischen Träumen über eine engere politische Verbindung Deutschlands mit den ausgewanderten Deutsch-Brasilianern nachzuhängen, damit anfängt, die materiellen Verhältnisse der Kolonien und der Kolonisten zu studiren, ihre wirthschaftliche Lage zu verbessern, die Produktion zu heben, durch Schaffung regelmässiger Dampferverbindungen mit Deutschland und neuer Verkehrswege in und nach den Koloniebezirken Import und Export zu erleichtern, und nach Beseitigung veralteter Auswanderungshindernisse neue Kolonisten in das Land zu bringen. Das alles kostet Mühe, Nachdenken und Geld, doch ist praktische Arbeit an der Wohlfahrt der Kolonien der einzig gangbare Weg, um die Ziele zu erreichen, die mit der Zukunft jener überseeischen Ansiedelungen verknüpft sind. Den wirthschaftlichen Eroberungen werden dann die moralischen Eroberungen schon nachfolgen, politische sind in Brasilien für uns überhaupt ausser Frage.

Der Staat Paraná wird, wie ich glaube, für eine grössere deutsche Einwanderung, welche die Grundlage für eine weitere Entwicklung unserer dortigen Interessen bilden könnte, nicht mehr in Betracht kommen. In der Hauptstadt Curitiba lebt allerdings eine zahlreiche, tüchtige und geachtete deutsche Bevölkerung, deren ältere Mitglieder meistens aus der vom Hamburger Kolonisations-Verein gegründeten Kolonie Dona Francisca stammen und hier Kaufleute, Handwerker, Wirthe und sonstige Gewerbetreibende geworden sind.

Kleinere deutsche Ackerbau-Kolonien giebt es noch in den Ortschaften Castro, Porto da União, Lapa, Serro-Azul und Rio Negro, wo die ersten Deutschen, die schon im Jahre 1828 nach Paraná kamen, angesiedelt wurden, übrigens seitdem die deutsche Sprache und Sitte so ziemlich verloren haben. Diejenigen ländlichen Ansiedler, welche heute die eigentliche Kolonisations-Arbeit in den Urwäldern von Paraná leisten, sind österreichische Galizier, Polen, wie sie sich mit Stolz nennen, die sich hier trotz schwerer anfänglicher Misserfolge und nach ungeheuren Opfern an Menschenleben in grosser Zahl festgesetzt haben und weiter ausbreiten. Neuerdings ist auch eine planmässige Besiedelung anderer Distrikte dieses Staates mit italienischen Einwanderern durch eine von dem Ingenieur Tonissi in Mailand gebildete Kolonisationsgesellschaft beabsichtigt. Wir haben durchaus keinen Anlass, mit diesen beiden Nationen in einen Wettbewerb um die Kolonisirung Paraná's einzutreten, die nur mit einem grossen, uns nicht zur Verfügung stehenden Material von auswanderungslustigen Bauernfamilien möglich ist, werden uns vielmehr darauf beschränken können, die kommercielle Position, welche das deutsche Element in Curitiba und der Hafenstadt Paranaguá errungen hat, zu behaupten und auszudehnen im Verhältniss zu der weiteren Aufschliessung des Landes, die von einer starken fremden Einwanderung zu erwarten ist. Die neuerdings aufgetauchte Befürchtung, dass die polnischen Einwanderer in Paraná aus Nationalhass eine feindliche Haltung gegen die deutschen Ansiedler in den angrenzenden Gebieten einnehmen würden, kann ich vorläufig nicht theilen. Ich bedaure es vielmehr weit mehr, dass wir keinen Antheil an der Kontrolle über das im Besitz eines belgisch-französischen Syndikats befindliche Eisenbahnnetz in Paraná haben, als dass die Kultivirung der dortigen Ländereien sich durch polnische und italienische anstatt durch deutsche Bauern vollzieht.

Anders liegen die Verhältnisse in dem benachbarten Staate Santa Catharina, wo wir mit den schon vorhandenen blühenden deutschen Ansiedlungen in Joinville, Blumenau und Brusque mit den dazu gehörigen Distrikten, sowie mit den grossen noch unbebauten und unbevölkerten Landkomplexen, die deutsches Eigenthum sind, rechnen können.

Ueber die Geschichte dieser Ansiedelungen, ihre heutige Entwicklung und ihre Zukunftsaussichten ist von Sachverständigen und von Nicht-Sachverständigen bis in die neueste Zeit hinein, viel und man darf wohl sagen zu viel geschrieben, so dass ich hier Bekanntes nicht zu wiederholen brauche. Nur das will ich sagen, dass alle, die diese Gegenden bereist haben, einig sind in der Anerkennung und Freude darüber, was deutsche Tüchtigkeit und deutscher Fleiss hier geleistet haben, und dass sie rühmend hervorheben, wie die wackere Bevölkerung auch in der zweiten und dritten Generation ihre nationale Eigenart und die Liebe zum alten Vaterlande sich bewahrt hat. Aber nirgends ist auch die Warnung mehr am Platze, sich keinen übertriebenen Vorstellungen über das hinzugeben, was diese Ansiedelungen in ihrem gegenwärtigen Umfange für die deutschen Interessen in Brasilien bedeuten. Man kann sich die wirthschaftlichen und lokalen Verhältnisse nicht einfach genug denken. Santa Catharina, obgleich an Flächeninhalt fast so gross wie das Königreich Bayern, ist im Vergleich zu andern Staaten Brasiliens ein Duodez-Staat, von höchstens 400000 Menschen bewohnt, verhältnissmässig arm, ohne einen wichtigen Exportartikel, ohne grosse Kaufkraft. Schätze sind dort nicht zu holen, ein mässiger Wohlstand bei bescheidenen Ansprüchen ist das Loos, mit welchem der durchschnittliche Kolonist sich begnügen muss. Die Ziffern der Ein- und Ausfuhr sind bis jetzt niedrig. Beispielsweise exportirte der Bezirk von Blumenau im Jahre 1898 an Butter 463970 kg, an Schmalz 215000 kg, an Cigarren 7½ Millionen Stück. Das sind die Hauptartikel und es kann dabei nicht verschwiegen werden, dass das von den Vereinigten

Staaten nach Brasilien eingeführte Schmalz billiger und besser, weil weniger wasserreich ist, und dass die allerdings wohlfeilen Blumenauer Cigarren einen erdigen Geschmack haben mit Neigung zum Kohlen. Das in Blumenau gewonnene Zuckerrohr hat so wenig Zuckergehalt, dass es vorwiegend nur zur Branntweinbereitung verwandt werden kann, dem bekannten cachaça, dem Nationalgetränk der Brasilianer in den unteren Klassen.

Nicht viel besser steht es mit den in Joinville und Umgegend erzeugten Exportartikeln, unter denen ausser Mate noch schwarze Bohnen und Mais zu nennen sind, die lediglich auf den Märkten in Mittel- und Nord-Brasilien Verwendung finden und auch dort nur zu schlechten Preisen, für Deutschland dagegen von keiner Bedeutung sind.

Bei diesen wirthschaftlichen Zuständen in den deutschen Ackerbau-Kolonien des Staates Santa Catharina kann es nicht Wunder nehmen, dass der vor 50 Jahren von Hamburger Kaufleuten gegründete »Kolonisations-Verein von 1849«, der in dem heutigen Joinville und São Bento Ländereien zu Siedelungszwecken erwarb, nie glänzende Geschäfte gemacht hat, obgleich er anfangs für sein Land Absatz und Kolonisten fand und die brasilianische Regierung erhebliche Zuschüsse für Wegebauten leistete. Der Verein hatte von Anfang an zu wenig Mittel; als die Zahl der Auswanderer aus Deutschland sich verminderte, sanken die Einnahmen, zur Herstellung einer regelmässigen Verbindung mit brasilianischen und deutschen Häfen war kein Geld vorhanden — kurz, die Thätigkeit des Vereins stagnirte in den letzten Decennien fast vollständig, so dass es hohe Zeit war, als 1897 seine Umwandlung in die »Hanseatische Kolonisations-Gesellschaft« erfolgte. Ueber die Ziele und bisherigen Leistungen dieser Gesellschaft, die in enger Verbindung mit den grossen deutschen Dampferlinien steht, deren Schiffe eine direkte Passagierbeförderung nach São Francisco und Itajahy, den Eingangshäfen für das Gebiet der Kolonie »Hansa« unterhalten, will ich mich hier nicht eingehender äussern, da die verschiedenen von der Gesellschaft eingeleiteten Unternehmungen sich noch in den Anfangs-Stadien befinden. Von dem grossen Länderkomplex, welchen der Staat Santa Catharina der Gesellschaft bewilligt hat, sind 167 882 Hektaren (à 4 Morgen) vermessen, bezahlt und in zwei Distrikte eingetheilt, welche der Besiedelung offenstehen. In beiden Bezirken zusammen sind 244 bäuerliche

Landstellen à 100 Morgen und zwei Stadtplätze mit städtischen Grundstücken abgesteckt. Die Entfernung von den bisherigen deutschen Ansiedelungen nach den neuen Kolonie-Distrikten beträgt per Wagen nur zwei Tagereisen. Innerhalb der Distrikte sind 42 km fahrbarer Wege fertiggestellt und alles in allem genommen die Vorbereitungen für die Aufnahme neuer Ankömmlinge soweit gefördert, wie bisher in keinem andern Gebiet für deutsche Auswanderer in Brasilien der Fall war. Die starke Abnahme der deutschen Auswanderung überhaupt und die noch nicht überwundenen Vorurtheile gegen Süd-Brasilien haben es mit sich gebracht, dass bisher nur eine geringe Anzahl von Kolonisten sich auf den Territorien der »Hansa« niedergelassen hat.

Sehr wichtig für die alten und neuen »Kolonisations-Gebiete« in Santa Catharina ist der Bau einer Eisenbahn, welche von dem Hafen São Francisco oder in der Nähe desselben ausgehend, nach dem Municipium Blumenau führen und im Flussthal des Itajahy fortlaufend zunächst bis Aquidaban in einer Länge von 150—160 km fortgesetzt werden soll. Auf Initiative der Hanseatischen Kolonisations-Gesellschaft und der Firma Arthur Koppel in Berlin hat durch deutsche Ingenieure eine technische Untersuchung der Strecke und deren voraussichtlicher Rentabilität stattgefunden Zur Vervollständigung ünd Nachprüfung dieser Untersuchungen ist neuerdings abermals ein Sachverständiger dorthin entsandt, von dessen Gutachten es abhängen soll, ob ein deutsch-belgisches Syndikat, das sich provisorisch gebildet hat, die Ausführung des Unternehmens in Angriff nehmen wird.

Was die sonstigen kommerciellen Interessen Deutschlands in Santa Catharina betrifft, so ist mit Befriedigung zu konstatiren, dass in der Hauptstadt Florianopolis — früher Desterro genannt — zwei deutsche Häuser das Import- und Export-Geschäft beherrschen, und dass es dort, sowie in dem gegenüber liegenden Hafen des Festlandes Itajahy, eine Anzahl deutscher Industieller und Handwerker giebt, die in guten Verhältnissen leben. Unsere sonstigen Haupt-Konkurrenten in Brasilien: England, die Vereinigten Staaten und Frankreich, sind dort bisher nur in ganz unbedeutender Weise vertreten. Immer muss man sich dabei gegenwärtig halten, dass es sich nur um bescheidene Verhältnisse handelt. Wenn man sagt, dass in Florianopolis die deutsche Flagge nach der brasilianischen die erste Stelle einnimmt, so ist das unzweifelhaft richtig, aber man muss hinzusetzen, dass die

Gesammtzahl der deutschen Schiffe, die dort, beispielsweise 1898, verkehrten, doch nur 20 betrug mit 20550 Tons Raumgehalt.

Einen grösseren Zuschnitt tragen alle Verkehrs- und Handelsverhältnisse in Rio Grande do Sul, dem letzten der brasilianischen Staaten, auf den wir hier noch einen kurzen Blick werfen müssen. Derselbe zählt ungefähr 1 Million Einwohner, darunter vielleicht 150000 deutscher Abkunft. Der einzige, in Folge einer vorgelagerten Barre mit selten mehr als 5 Meter Wasserstand nicht besonders günstige Hafen ist Rio Grande do Sul, in welchem bis vor Kurzem alle seewärts ein- und ausgeführten Waaren zollamtlich abgefertigt werden mussten. Jetzt ist wieder ein zweites Zollamt in Porto Alegre eingerichtet. Es verkehrten in Rio Grande im Jahre 1898: 252 Dampfer, von welchen 55 ausländische waren. Unter den letzteren nimmt die deutsche Flagge die erste Stelle schon deshalb ein, weil nur Deutschland eine direkte Dampferverbindung mit Südbrasilien unterhält; bei den Segelschiffen überwiegen die norwegischen und englischen. Die Gesammteinfuhr, welche in den letzten Jahren wegen der schlechten Geschäftsverhältnisse erheblich zurückgegangen ist, wurde für das Jahr 1898 auf 45—50 Millionen Mark geschätzt, darunter 60—70 % deutscher Provenienz. Die Ausfuhr — Dörrfleisch, Häute, Malz, Hölzer, Mais, Schmalz, Tabak — soll nach amtlichen Angaben 62½ Millionen Milreis betragen haben, was zum Kurse von 60 ₰ pro Milreis rund 37½ Millionen Mark ausmachen würde. Die nach dem Ausland ausklarirten Schiffe finden in der Regel keine ausreichende Rückfracht, da die Ausfuhrartikel ihr Absatzgebiet zu mindestens ⅔ auf den brasilianischen Märkten haben. Die Hauptstadt des Staates, Porto Alegre, wird von Rio Grande do Sul durch ein seichtes Binnengewässer, die lagoa dos patos, erreicht, die für Ozeandampfer nicht befahrbar ist. Porto Alegre, heute etwa 90000 Einwohner zählend, hat von allen Städten in Brasilien die stärkste deutsche Kolonie, zu der die angesehendsten Kaufleute gehören. Es giebt viele deutsche Fabriken und industrielle Etablissements, sogar eine deutsche Maschinen- und Schiffbau-Anstalt, daneben zahlreiche Handwerker und Gewerbetreibende. Engländer und Franzosen sind am Grosshandel kaum betheiligt, sondern auf das Ladengeschäft beschränkt. Das ganze deutsche Geschäft — und darin liegt für uns der interessante Punkt — ist ursprünglich aufgebaut auf die Kundschaft in den Kolonialdistrikten, unter deren Bevölkerung sich heute etwa 120000 deutscher und 100000 italienischer Abkunft befinden mögen. Für unsere Kaufleute sind die deutschen Kolonisten die besten Kunden und Abnehmer deutscher Artikel geblieben, wobei ein grosses Verdienst den Musterreitern zukommt, jenen berittenen Handlungsreisenden der Porto Alegrenser Firmen, welche in den unwegsamen Waldthälern der Serra auch die entlegensten Koloniedistrikte aufsuchen. Fast alle heutigen Chefs der deutschen Häuser in Porto Alegre sind durch die Schule der Musterreiter gegangen. Bedauerlicher Weise ist der Wohlstand der deutschen Ackerbau-Kolonisten von Rio Grande do Sul in letzter Zeit zurückgegangen, zum Theil nicht ohne eigene Schuld, weil ein Hauptprodukt, das Schmalz, durch die nachlässige Zubereitung, sowie die plumpe Verfälschung der Zwischenhändler auf dem Markt in Rio in Verruf gekommen und durch nordamerikanisches Schmalz verdrängt ist. Ein anderes wichtiges Erzeugniss der Koloniedistrikte, die schwarzen Bohnen, sind in Folge der Konkurrenz in den Mittelstaaten Brasiliens durch einen fast unerhörten Preissturz entwerthet. Für den Sack Bohnen wurden 1898 noch 33 Milreis, jetzt 7 Milreis bezahlt. Leider befinden sich auch in diesem Staate die im Betrieb befindlichen Eisenbahnen, soweit sie nicht Staatseigenthum sind, im Besitze und unter der Verwaltung englischer und belgischer Gesellschaften. Um den hierin für die Erhaltung und Ausdehnung der deutschen Handels- und Kolonisations-Interessen liegenden Gefahren zu begegnen und gleichzeitig die in's Stocken gerathene Besiedelung weiterer für die Kultur von Zuckerrohr und Weizen geeigneter Ländereien aufzunehmen, hat sich neuerdings die »Rio Grande Nordwest-Bahn- und Siedelungs-Gesellschaft m. b. H.« in Berlin gebildet. Diese Gesellschaft ist im Besitz einer Koncession für den Bau von drei Eisenbahnen im Nordwesten des Staates, dem wegen seiner Fruchtbarkeit bekannten Gebiete des ehemaligen Jesuitenreiches, der »Missiones«, ohne staatliche Zinsgarantie, aber mit dem Anrecht, die vorhandenen Regierungsländereien in einer Ausdehnung von 10 Kilometer auf jeder Seite des Bahnkörpers zu dem nominellen Preise von 2 $ 020 pr. Hektar zu kaufen, gegen die Verpflichtung, dieses Land durch Kolonisten verschiedener Nationalität zu besiedeln. Durch eine sogenannte Explorations-Gesellschaft unter Führung des als Brasilien-Forscher bekannten Dr. Herm. Meyer aus Leipzig sind seit Ende 1898 vier deutsche Ingenieure im Verein mit Vertrauensmännern aus Rio Grande mit den Vorarbeiten für diese Bahn betraut worden. Die Resultate sollen nach allen Richtungen hin günstige gewesen sein, so dass sich auf Grund der eingelaufenen Berichte die vorerwähnte Berliner Gesellschaft entschlossen hat, den Bahnbau zu beginnen, wenn es ihr gelingt, das zunächst für das Unternehmen erforderliche Kapital von 10 Millionen Mark aufzubringen.

Wir sehen aus diesem flüchtigen Ueberblick über die Gestaltung der handelspolitischen Verhältnisse in den verschiedenen Theilen des riesigen brasilianischen Reiches, dass überall deutsche Interessen vorhanden sind, wenn auch in sehr ungleichem Umfange, dass viel geleistet ist, aber noch viel mehr zu thun bleibt, und dass wir erst in den Anfängen der kommerciellen Erschliessung Brasiliens und seiner natürlichen Reichthümer stehen. Um ermessen zu können, wo wir den Hebel anzusetzen haben, um uns an der weiteren Entwicklung unsern Antheil zu sichern und welche Klippen wir beim Vorwärtsschreiten zu vermeiden haben, ist es nöthig, sich die eigenthümlichen Schwierigkeiten und Hindernisse zu vergegenwärtigen, welche die inneren Zustände Brasiliens dem Gedeihen des Landes und den fremden Handelsinteressen bereiten. Ich sagte schon früher, dass auf dem Gebiet der äusseren Politik diese Schwierigkeiten nicht liegen und dass mit der Annahme einer republikanischen Regierungsform die Gefahren innerer Umwälzungen und Bürgerkriege eher vermindert als gewachsen sind. Die der Bundesgewalt durch die Verfassung zugewiesenen Rechte und Befugnisse sind politisch so wenig drückend und finanziell so vortheilhaft für die Einzelstaaten, dass diese — wenigstens für die nächste Zeit — kaum in Versuchung kommen werden, ernsthafte Konflikte mit der Bundesregierung heraufzubeschwören. Andrerseits bilden die kurze Amtsdauer der Präsidenten von nur vier Jahren und das Verbot einer unmittelbaren Wiederwahl ein ausreichendes Hinderniss gegen centralisirende Tendenzen der Bundesgewalt. Es bleibt mithin nur die Gefahr innerer Partheikämpfe in den einzelnen Bundesstaaten, die sicher auch in Zukunft nicht ausbleiben werden, aber um deswegen keinen blutigen und die öffentliche Ruhe dauernd störenden Charakter tragen, weil die Bundesstaaten kein Militär haben dürfen, sondern sich mit Polizeimannschaften begnügen müssen, die für längere kriegerische Aktionen wenig Sinn zeigen und bei dem verfassungsmässigen Einschreiten der Bundestruppen schwerlich längeren Widerstand leisten werden. Ich nehme hiervon aus die Polizeimannschaften in São Paulo und Rio Grande do Sul, die gut bewaffnet und disciplinirt sind und daher bei Konflikten mit der Bundesregierung als nicht zu verachtende Gegner in's Gewicht fallen. Fremde Interessen werden bei derartigen lokalen Unruhen nur selten in direkte Mitleidenschaft gezogen, vorausgesetzt, dass die Ausländer sich der Theilnahme an den Streitigkeiten der politischen Partheien enthalten.

Bedrohlicher für die Fremden ist eine neuerdings in Brasilien aufgetretene Strömung, die unter dem Namen des Patriotismus und der nationalen Entwicklung des brasilianischen Volkes den Kampf gegen jeden Einfluss des Auslandes predigt und unter dem Feldgeschrei »Brasilien für die Brasilianer« schon Proben eines aggressiven Fremdenhasses gegeben hat. Die Anhänger dieser Richtung, die sich Nativisten nennen, sind in der Presse und im Parlament ziemlich zahlreich vertreten, sie deklamiren dort namentlich gegen die angebliche wirthschaftliche Ausbeutung Brasiliens durch die Fremden und haben, obgleich die für die internationalen Beziehungen verantwortliche Bundesregierung bisher eine besonnene Haltung zu bewahren bemüht war, doch einen nicht unbedenklichen Einfluss auf die handelspolitische Gesetzgebung gewonnen. Die Tendenz, die inländischen Unternehmungen in Brasilien gegenüber den ausländischen durch höhere Besteuerung der letzteren zu begünstigen, wird in dem Bericht der hamburgischen Handelskammer über das Jahr 1899 mit Recht hervorgehoben. Beispielsweise sind vom 1. Januar dieses Jahres an für Prämien an ausländische Feuer- und Seeversicherungsgesellschaften 15 % Stempelgebühr zu zahlen, während die inländischen hiervon befreit sind. Den Nativisten ist es auch zuzuschreiben, dass das in der Verfassung vorgesehene Verbot einer Betheiligung der fremden Flagge an der Küstenschiffahrt schon jetzt zur Ausführung gelangt ist, bevor die brasilianische Handelsmarine entwickelt genug war, diesen Verkehr übernehmen zu können. Die Folge ist eine Steigerung der Frachten in der Küstenschiffahrt, namentlich nach dem Norden Brasiliens, um das Vier- bis Fünffache gewesen und damit eine wirthschaftliche Schädigung der brasilianischen Konsumenten, die für den nationalen Wohlstand weit empfindlicher ist, als es der bisherige Zustand war. Als der Kongress in Rio sich mit dem Gesetz über die Küstenschiffahrt beschäftigte, wurde in den Zeitungen verständlich genug angedeutet, dass nicht sowohl nationale Interessen, als die Interessen einer brasilianischen Dampfergesellschaft, des Lloyd Brasileiro, in Frage kämen, welcher mit Hülfe dieses Gesetzes den Küstenfrachtverkehr in Brasilien zu monopolisiren hoffte. Der Lloyd Brasileiro hat dabei jedoch nicht seine Rechnung gefunden, er ist, trotz aller staatlichen Unterstützung und Monopole, im Zustande eines latenten Bankerotts und es ist sehr wohl möglich, dass nunmehr doch eine fremde Gesellschaft, natürlich unter brasilianischer Firma, das Geschäft weiterführen muss. Bei alledem erscheint nicht ausgeschlossen, dass man versuchen wird, den Geschäftsbetrieb der Schiffahrt unter fremder Flagge noch weiter einzuschränken. Bisher ist wenigstens noch die Personenbeförderung zwischen den brasilianischen Küstenhäfen allen Schiffen gestattet. Die konsequenten Nativisten könnten auch dies für ein brasilianisches Reservatrecht erklären und sich dabei auf ihr grosses Vorbild, die freie Republik der Vereinigten Staaten von Nordamerika, berufen, wo ein Gesetz vom 27. Februar vorigen Jahres bestimmt hat: »fremde Schiffe dürfen keine Passagiere zwischen Häfen oder Plätzen in den Vereinigten Staaten, sei es direkt, sei es über einen fremden Hafen befördern, bei einer Strafe von 200 Dollars für jeden so beförderten und gelandeten Passagier«.

Eine andere, immer reichlich strömende Quelle von Störungen und Belästigungen für den fremden Handel bildet die brasilianische Zollgesetzgebung. Der Zolltarif wird immer nur für ein Jahr festgesetzt. In jeder Session des Kongresses beginnt wieder das Aendern und Feilschen der Interessenten bei den einzelnen Positionen, meistens in der Richtung eines verstärkten Schutzzolles für angebliche nationale Industrien. Diese Verhandlungen dauern bis zum Schluss des Kongresses, der in der Regel bis tief in den December hinein tagt, und die amtliche Ausgabe des neuen Zolltarifes mit seinen Veränderungen erscheint dann so spät, dass Niemand zu Anfang des Jahres genau weiss, welche Zölle zu erheben sind.

Der Tarif selbst ist, um es milde auszudrücken, ein Ungeheuer an Ausdehnung und schlechter Anordnung. Derjenige für 1898 — der letzte, den ich studirt habe — enthielt 1071 Positionen mit zahllosen Unterabtheilungen. Selbst die unwahrscheinlichsten

Gegenstände sind namentlich aufgeführt und besteuert, wie beispielsweise Schlittschuhe, ein gewiss sehr gangbarer Artikel in dem sonnigen Brasilien. Das Paar zahlt 3½ Milreis Eingangszoll oder 50 % vom Werth. Welcher Scharfsinn auf Einzelheiten verwandt ist, davon möchte ich noch ein Beispiel geben. Position 970 »Drehorgeln« enthält 20 verschiedene Kategorien mit verschiedenen Zollsätzen, je nachdem die Drehorgeln mit Musikblättchen, Pfeifen oder Saiten von verschiedener Länge und Höhe versehen sind. Wenn sich an den Drehorgeln Trommeln, Triangel, Glocken, bewegliche oder unbewegliche Figuren befinden, dann ist zu den betreffenden Zollsätzen noch ein Zuschlag von 30 % zu zahlen, und wenn diese Trommeln, Triangel, Glöckchen und Figuren gar zusammen angebracht sind, so beträgt der Zuschlag 60 %. Sehr wunderbar sind auch die Bestimmungen über eine Konsumsteuer für importirte Waaren. So sind vom 1. Januar 1900 ab fremde Hüte, Schirme, Spazierstöcke und sogar Webwaaren konsumsteuerpflichtig und müssen mit Stempelmarken beklebt werden. Wo diese anzubringen sind, zum Beispiel bei den Webwaaren, und wie die Kontrolle ausgeübt werden soll, ist vorläufig noch unklar. Dieser chikanösen Aufstellung des Zolltarifes entspricht seine Ausführung. Nirgends vielleicht ist das Personal so darauf erpicht, etwaigen Irrungen der Absender in den labyrintischen Gängen des Tarifes nachzuspüren, um ihren Antheil an der Zollstrafe — der bekannte multa — zu erhalten, und nirgends vielleicht kommen so viele Durchstechereien vor.

Die Versuche der Regierung, durch Erhöhung der Zollsätze höhere Zolleinnahmen zu erzielen, sind in den letzten Jahren ebenso erfolglos gewesen, wie die Bemühungen, die zunehmende Entwerthung des Papiergeldes — des Milreis — aufzuhalten. Denn der niedere Stand und vielleicht noch mehr die starken Schwankungen des Wechselkurses lasten seit Jahren schwer auf allen legitimen Handelsgeschäften in Brasilien. Es ist eine der thörichten Anklagen der Nativisten, dass die fremden Banken an den niederen Kursen Schuld seien. Was sollten diese dabei gewinnen, wenn der Wohlstand der brasilianischen Bevölkerung zurückgeht, Industrie und Landwirthschaft darnieder liegen und die Landesvaluta entwerthet wird? Wer die Geschäftspraxis der fremden Banken in Brasilien einigermassen kennt, der weiss, dass sie weder à la hausse noch à la baisse spekuliren können;

ob die einheimischen Banken dies nicht thun, möchte ich nicht mit gleicher Bestimmtheit verneinen. Die gemeinschädlichen Spekulanten auf diesem Gebiete sind die an den Differenzgeschäften betheiligten Personen, doch wird auch der Einfluss dieser Geschäfte auf den Wechselkurs stark überschätzt. Der wahre Grund für den niederen Stand des letzteren liegt in der finanziellen Misswirthschaft der brasilianischen Regierung, in den chronischen Deficits, den massenhaften ungedeckten Papier-Emissionen, deren Betrag heute auf 736 Millionen Milreis geschätzt wird, und endlich in dem Fallen des Preises von Kaffee und Zucker, der wichtigsten Exportartikel des Landes. Der im vorigen Jahre gemachte Versuch, den Kurs durch Einlösung und Verbrennung von 50 Millionen Milreis zu heben, ist missglückt, wohl hauptsächlich deshalb, weil die Regierung diese Einlösung zum grössten Theile durch eine Emission von Schatzwechseln bewirken musste, mithin eine Verbindlichkeit nur durch eine andere ersetzte. Die Missstimmung gegen die fremden Banken dauert inzwischen fort und es ist anzunehmen, dass sie sich noch in weiteren Chikanen äussern wird, namentlich, wenn es sich darum handelt, die nur auf eine bestimmte Reihe von Jahren ertheilte Koncession für den Geschäftsbetrieb dieser Banken in Brasilien zu erneuern. Hätten die Brasilianer selbst mehr Talent zum Bankgeschäft, würde sich vielleicht die Gründung nationaler Hypothekenbanken empfehlen, mit dem Recht, Hypothekenbriefe zur Unterstützung von Landwirthschaft und Industrie auszugeben. Da dies jedoch bisher nicht versucht ist, erscheint es ungerecht, den fremden Bankinstituten einen Vorwurf daraus zu machen, dass sie sich nicht bereitwilliger auf Geschäfte einlassen wollen, die mit der Beleihung des Grundbesitzes und einer hypothekarischen Kreditgewährung in Verbindung stehen.

Noch bedenklicher als das mangelnde Verständniss der Brasilianer für das solide Bankgeschäft ist vom wirthschaftlichen Standpunkt die Unfähigkeit der Regierung und der dortigen einheimischen Gesellschaften für den Betrieb von Eisenbahnen. Die Verkehrsstockungen und sonstige Unregelmässigkeiten jeder Art, namentlich auf den brasilianischen Staatsbahnen, bilden ein sehr ernstes Hinderniss für den Handel und geben zu unaufhörlichen Beschwerden und Klagen Anlass. Da auch das finanzielle Ergebniss derselben ein sehr unbefriedigendes war, so hat sich die Regierung entschlossen, alle im Eigenthum des

Bundes stehenden Bahnen zu verpachten. Ausgenommen hiervon ist vorläufig die Centralbahn, deren Hauptstrang in einer Länge von ca. 900 km von Rio aus durch die bevölkertsten Gebiete des Landes nach dem Innern von Minas Geraes führt und durch die Linie Rio—São Paulo mit dem Eisenbahnnetz des Staates São Paulo verbunden ist. Die Verpachtung dieser wichtigsten, und bei guter Verwaltung gewinnreichsten Bahn in Brasilien ist bisher an politischen Einflüssen gescheitert. Doch halte ich die Maassregel nur für vertagt. Ich fürchte, dass Brasilien nach Ablauf des in 1898 mit Rothschild in London geschlossenen Moratoriums nicht im Stande sein wird, die effektive Zinszahlung für seine Anleihen wieder aufzunehmen und dass dann — also im Juli 1901 — die Zeit kommen muss, wo das letzte Werthobjekt — die Centralbahn — unter den Hammer kommen wird. Von den vorhandenen Privatbahnen geniessen nicht weniger als 16 einer staatlichen Zinsgarantie, die in grossem Umfange in Anspruch genommen und für Jahre hinaus den Staatsschatz schwer belasten wird.

Zu denjenigen Erscheinungen, welche unter die Hindernisse einer schnelleren Entwicklung Brasiliens zu rechnen sind und das Risiko fremder Unternehmungen in diesem Lande vermehren, gehört schliesslich auch die unvollkommene und unsichere Rechtspflege. Dieselbe zeigt sich nicht sowohl auf dem Gebiete der Strafjustiz, denn die Sicherheit von Leben und Eigenthum ist, immer einen südamerikanischen Maassstab angelegt, hier eher grösser als zum Beispiel in Argentinien oder Chile, sondern bei den bürgerlichen Rechtsstreitigkeiten, die in den Bereich von Handel und Verkehr fallen. Hier herrscht noch der volle Formalismus des römischen Rechts und, auch wenn man die richterliche Unabhängigkeit und Unpartheilichkeit nicht anzweifeln will, so findet sich doch eine Kasuistik und Spitzfindigkeit in der Auslegung der gesetzlichen Bestimmungen, eine Kunst der Verschleppung bei der Beweisaufnahme und der Einlegung von Rechtsmitteln, dass es zu den unerfreulichsten Vorkommnissen gehört, wenn Ausländer genöthigt sind, Processe in Brasilien zu führen. Die deutschen Inhaber von Obligationen der in Konkurs gerathenen Oeste de Minas Eisenbahn wissen ein Lied von diesen Verhältnissen zu singen.

Es erübrigt in diesem Zusammenhange noch der Schwierigkeiten zu gedenken, welche die Konkurrenz der übrigen fremden

Nationen uns auf dem brasilianischen Markte bereitet. Wie in allen überseeischen Ländern ist es der englische Wettbewerb, der noch in vielen Punkten die alte Ueberlegenheit bewahrt. Zwar hat unsere Industrie solche Fortschritte gemacht, dass sie in einer ganzen Anzahl von Artikeln die englische Waare verdrängt hat und die Umsätze der grossen deutschen Firmen in Bahia, Rio, Santos und São Paulo sind mindestens so gross wie die der englischen Rivalen. Auch im Bankgeschäft hat die brasilianische Bank für Deutschland, wo sie Filialen errichtet hat, den älteren englischen Bankinstituten gegenüber grosse Erfolge erzielt. Dagegen sind wir im Schiffsverkehr — ausgenommen in Südbrasilien — noch weit hinter der englischen Flagge zurück und vor allem hat England dadurch einen grossen Vorsprung, dass es mit Aufwendung sehr bedeutender Kapitalien eine Reihe der wichtigsten Eisenbahnen in seine Hand gebracht und sich dadurch ein festes Absatzgebiet für seine Eisen- und Maschinen-Industrie gesichert hat. Hierin, wie in vielen andern Dingen, können wir noch manches von den Engländern lernen; denn nur mit Import und Export, wie es früher hanseatische Sitte war, vermögen wir uns in den überseeischen Ländern nicht zu halten. Dass alle brasilianischen Anleihen auf dem Londoner Markt emittirt und grösstentheils von englischen Kapitalisten übernommen sind, hat gleichfalls bisher viele Vortheile für den englischen Handel gehabt, doch bedroht die stetige Verschlechterung der finanziellen Lage Brasiliens die englischen Gläubiger vielleicht in naher Zeit mit schweren Verlusten. Der zunehmenden nordamerikanischen Konkurrenz, namentlich in Nord-Brasilien und in einigen Spezial-Artikeln, wie elektrischen Maschinen, Lokomotiven, Handwerkszeugen, ist schon gedacht. Dieselbe ist deswegen so gefährlich, weil die Regierung der Vereinigten Staaten bekanntlich fortdauernd bemüht ist, sich durch ein Reciprocitäts-Abkommen besondere Zollvergünstigungen für die amerikanische Einfuhr zu verschaffen. Dies war schon einmal kurz nach dem Fall des Kaisserreiches gelungen, doch brachte der damals abgeschlossene sogenannte convenio americano, das Eintrittsgeld gleichsam, welches von der neuen Schwesterrepublik erhoben wurde, soviele Nachtheile für den brasilianischen Staatsschatz mit sich, dass er, sobald als angängig, gekündigt wurde. Die Versuche einer Erneuerung dauern jedoch seitens der Union fort und ist letztere in der Lage dafür geltend zu machen, dass sie den Hauptexportartikel Brasiliens, Kaffee, zollfrei in ihr Gebiet einlässt und dafür besondere Koncessionen fordern kann. Auf diesem Wege können die meisten europäischen Staaten Nordamerika nicht folgen, da erstere den Kaffee mit mehr oder minder hohen Eingangszöllen belegen und im Interesse ihrer Finanzen auf diese Einnahme nicht verzichten können. In Frankreich beträgt der Kaffeezoll 156 frcs. pr. 100 kg, in Deutschland 40 M.=50 frcs., in England 35 frcs., in Belgien 10 frcs., in Italien 150 frcs. Die brasilianische Regierung verlangt neuerdings eine Reduktion von 30 % von Frankreich und Italien. Es liegt mithin eine permanente Gefahr für eine ungünstige differentielle Behandlung der europäischen Importe in Brasilien vor und es wird für die nächste Zeit eine der wichtigsten handelspolitischen Aufgaben der europäischen Diplomatie in Rio bleiben, zu verhindern, dass eine zweite Auflage des convenio americano zu Stande kommt. Von der Konkurrenz Frankreichs, Belgiens, Italiens und Oesterreichs in Brasilien will ich nur bemerken, dass wir sie im Grosshandel nicht zu fürchten haben, während uns die Portugiesen und Italiener im Ladengeschäft und Kleingewerbe überlegen sind. Zwar droht uns in neuerer Zeit Italien namentlich in Webwaaren den Rang abzulaufen in Folge billigerer Arbeitskräfte und neuerer Maschinen und wird uns auch bei anderen Artikeln wegen der grossen Anzahl italienischer Einwanderer, die ihre heimathlichen Produkte bevorzugen, noch zu schaffen machen. Doch lässt sich dieser uns nachtheilige Umstand wohl durch die grössere Rührigkeit und Findigkeit der deutschen Kaufleute und Industriellen einigermassen ausgleichen. Belgien kann uns in Brasilien noch nützlich werden, wenn es gelingt, das belgische Kapital für unsere dortigen überseeischen Unternehmungen flüssig zu machen, da die belgische Gesetzgebung im Gegensatz zur deutschen die Bildung von Aktiengesellschaften begünstigt, die sich für derartige Unternehmungen eignen. Andrerseits werden die belgischen Kapitalisten, hinter denen keine Kriegsmarine steht, um ihre überseeischen Anlagen gegen rechtswidrige Eingriffe zu schützen, gerne Anschluss bei einer europäischen See-Macht suchen, die in dieser Beziehung Garantien bietet. Ob die deutsche Seemacht schon stark genug ist, um solche Garantien zu bieten, ist freilich recht zweifelhaft.

Nach diesem Ueberblick über die Vorzüge und die Gefahren

des brasilianischen Marktes wird schliesslich noch zu erwägen sein, welche Mittel sich zur Sicherstellung und Hebung unserer dortigen Interessen bieten. Auf staatlichem Gebiete würde hier zunächst der Abschluss eines Handels- und Schiffahrts-Vertrages in Betracht kommen, der uns gegen unliebsame Ueberraschungen seitens der nordamerikanischen Handelspolitik und gegen die unberechenbaren Veränderungen und willkürlichen Erhöhungen des brasilianischen Zolltarifes Garantien gewährte. Es ist indess wenig Aussicht vorhanden, dass in nächster Zeit ein solcher Vertrag zu Stande kommen wird. Die von deutscher Seite grundsätzlich gewünschte Behandlung auf dem Fusse der meistbegünstigten Nation will in dieser allgemeinen Fassung die brasilianische Regierung nicht zugestehen, da sie freie Hand für Reciprocitäts-Verträge zu behalten wünscht, und zu einem Tarif-Vertrage zwischen Deutschland und Brasilien mit Bindung gewisser Zollsätze ist man in Rio ebenfalls nicht disponirt, so lange die Handelsbeziehungen zwischen Brasilien und den benachbarten südamerikanischen Republiken nicht vertragsmässig geordnet sind. Fast ebenso ungünstig liegen die Chancen für den Abschluss einer Konsular-Konvention, zu welcher von deutscher Seite wiederholt Verhandlungen eingeleitet wurden, hauptsächlich in der Absicht, die Befugnisse der Konsuln zu einer erfolgreichen Vertretung und Beschützung unserer Einwanderer in Brasilien vertragsmässig sicher zu stellen. Besondere Auswanderer-Verträge, von denen gelegentlich die Rede gewesen ist, gehören in das Gebiet der frommen Wünsche, die sich nicht realisiren lassen. Aber selbst die Bemühungen, auf dem Wege einer Konsular-Konvention etwas für den Schutz der Einwanderung durchzusetzen, begegneten einem starken Misstrauen seitens der brasilianischen Regierung, die, wie alle schwachen Regierungen, besonders eifersüchtig darüber wacht, dass auch der Schein einer Einschränkung ihrer landeshoheitlichen Befugnisse vermieden werde. Brasilien hatte kurz vor dem Fall des Kaiserreiches alle Konsular-Konventionen mit den fremden Mächten gekündigt aus Anlass von Differenzen mit den portugiesischen Konsuln, deren Reklamationen wegen der zahlreichen portugiesischen Bevölkerung in Brasilien unbequem geworden waren. Obgleich diese Maassregel keineswegs verhindert hat, dass auf Grund der völkerrechtlich anerkannten Stellung der Konsuln diese nach wie vor die Interessen ihrer Landsleute vor den einheimischen

Behörden wahrnehmen, so hat sich die brasilianische Regierung doch bisher nicht bereit finden lassen, die Konsular-Konventionen wieder in Kraft zu setzen. Das Deutsche Reich hat zum Zwecke eines besseren Schutzes seiner Angehörigen und seiner Interessen in Brasilien neuerdings die Zahl seiner dortigen Berufskonsulate vermehrt, und zwar nicht nur an den Orten, wo die Bedürfnisse von Handel und Schiffahrt dies erforderten, wie in Bahia und São Paulo, sondern auch da, wo die Konsuln ihre Haupt-Aufgabe darin finden, sich mit Angelegenheiten der eingewanderten Deutschen und etwaiger künftiger Nachfolger zu befassen. Die Errichtung von Berufskonsulaten für die Staaten Paraná und Santa Catharina ist, wie man wohl behaupten darf, hauptsächlich im Interesse der deutschen Einwanderung und der damit im Zusammenhange stehenden Unternehmungen erfolgt..

Ebenso ist das Reichsgesetz über das Auswanderungswesen vom 9. Juni 1897 sowohl in den §§ 6 und 7, worin die Erlaubniss zur Beförderung von Auswanderern auf bestimmte Gebiete beschränkt wird und für Siedelungsgesellschaften gewisse Ausnahmen zugelassen sind, wie in dem Abschnitt V, der besondere Bestimmungen für die überseeische Auswanderung nach aussereuropäischen Ländern enthält, im Wesentlichen auf die brasilianischen Verhältnisse zugeschnitten. Uebrigens ist das Gesetz meiner unmaassgeblichen Ansicht nach kein Meisterstück, es ist zu sehr das Werk von Geheimräthen, welche die Auswanderung nur aus den Akten gekannt haben und durch die darin enthaltenen Klagen und Beschwerden von Leuten, die bei der Auswanderung schlecht gefahren waren, zu übertriebenen und einseitigen Vorstellungen über die erforderlichen Schutzmaassregeln und Kautelen gelangt sind. Jede Auswanderung ist eine Lotterie mit vielen Nieten; diejenigen, denen es im Auslande gut gegangen ist, schreiben natürlich nicht an das Auswärtige Amt, und davon steht dann nichts in den Akten. Immerhin bedeutet das Gesetz einen Fortschritt gegen die früheren Verhältnisse in Preussen, wo nach dem sogenannten von der Heydt'schen Rescript die Ertheilung von Koncessionen für die Beförderung von Auswanderern nach Brasilien überhaupt verboten war.

Bei dem Mangel vertragsmässiger Bestimmungen zwischen dem Reich und Brasilien über Handels- und Schiffahrtsverhältnisse und bei dem Vorhandensein eines zahlreichen deutschen Elementes in verschiedenen Staaten der Republik ist es natürlich von besonderer Wichtigkeit, dass der Kaiserliche Gesandte in Rio gute persönliche Beziehungen, nicht nur zu der Bundesregierung sondern womöglich auch zu den Gouverneuren der in Betracht kommenden Einzelstaaten, unterhält. Ein guter Grund für solche freundschaftliche Beziehungen wurde durch die allseitige Anerkennung gelegt, welche das taktvolle Verhalten der Kommandanten unserer Kriegsschiffe während des Flottenaufstandes 1893/1894 in Rio gefunden hatte. Die brasilianische Regierung hatte Vertrauen zu uns gefasst, und ich habe mich während meiner Amtszeit in Rio bemüht, dies Vertrauen weiter zu befestigen durch Betonung der wirthschaftlichen Interessengemeinschaft, welche zwischen Deutschland und der brasilianischen Republik besteht. Wir sind Käufer brasilianischer Produkte in der Höhe von etwa 140 Millionen Mark im Jahr, wir wünschen dem Lande eine gute solvente Regierung und wirthschaftlichen Wohlstand, oder, um es geschäftlich auszudrücken, unser Handel und unsere Industrie sind daran interessirt, die brasilianischen Märkte für unsere Erzeugnisse kaufkräftig zu erhalten. Was diesem Ziele dient, das unterstützen wir, und was ihm schädlich ist, das suchen wir zu vermeiden.

Daneben ist es gewiss anerkennenswerth und verdienstlich, wenn gewisse Kreise in Deutschland sich bemühen, auch die geistigen Beziehungen, wie sie zwischen zwei Kulturvölkern bestehen, zu pflegen, in Brasilien das Verständniss für deutsches Wesen und deutsche Bildung zu wecken und den Vorurtheilen und der Unwissenheit entgegenzutreten, die bei uns vielfach über die Zustände Brasiliens und über die nationalen Eigenthümlichkeiten seiner Bewohner herrschen. Dies bezweckt der neuerdings in Berlin gebildete »Deutsch-Brasilische Verein«, sein Organ, die »Deutsch-brasilischen Nachrichten«, die, wenn ich ihr Programm richtig verstehe, sich nicht darauf beschränken wollen, lediglich die auf das Deutschthum in Brasilien und die deutsche Kolonisation in den Südstaaten bezüglichen Fragen zu erörtern. Gewiss ist in letzter Beziehung noch viel zu thun, und wenn die Mitglieder jenes Vereins Gelder sammeln wollen, um die in Süd-Brasilien vorhandenen deutschen Schulen und Kirchen zu unterstützen, geeignete Geistliche und Lehrer dorthin zu entsenden, Schulutensilien und deutsche Volksbibliotheken zu stiften, so kann das nur mit Freuden begrüsst und wird von unsern dort lebenden Stammesgenossen dankbar aufgenommen werden. Eins aber muss ich aus eigener Anschauung hinzusetzen, dass man nämlich in den deutschen Koloniedistrikten Südbrasiliens noch mehr von Deutschland hofft und erwartet, als derartige kleine Liebesgaben und Zeichen einer theilnehmenden Gesinnung. Was die Kolonisten jetzt wünschen und wollen, ist eine thatkräftige Hülfe bei Entwicklung ihrer wirthschaftlichen Interessen. Die Bewohner von Joinville und Blumenau werden weit dankbarer sein, wenn endlich mit deutschen Kapitalien die lange erstrebte Bahnverbindung zwischen den beiden Ortschaften und die Fortsetzung einer solchen Bahn bis Aquidaban und weiter nördlich zu Stande kommt, als wenn sie in deutschen Zeitungen die schönsten Lobeserhebungen über die Bewahrung ihrer nationalen Eigenart und ihre sonstigen Tugenden lesen.

Für die nächste Entwicklung der deutschen Interessen in Brasilien möchte ich hiernach das folgende Aktionsprogramm fixiren. Für Nordbrasilien: Ausdehnung der deutschen Dampferverbindungen nach dem Amazonenfluss mit Anlaufen von Pará und Manaos, und Errichtung einer deutschen Bankfiliale in Pará. Für Mittelbrasilien: Die allmähliche Einstellung grösserer und schnellerer Dampfer, um auch an dem Personenverkehr zwischen Europa und Brasilien erheblicheren Antheil zu gewinnen, eine noch stärkere Betheiligung deutschen Kapitals bei industriellen Anlagen und Eisenbahnbauten, vor Allem Vertretung Deutschlands in einem etwaigen Syndikate, welches die Verwaltung der Centralbahn zu übernehmen hätte. Für Südbrasilien: Förderung der Unternehmungen der Hanseatischen Kolonisations-Gesellschaft und der Rio Grande Nordwest-Bahn- und Siedelungs-Gesellschaft.

Ich halte dies Programm für ein ausführbares, wenn auch nicht von heute auf morgen, und ich gründe diese Hoffnung auf die Tüchtigkeit, Thatkraft und Intelligenz unserer Rheder, unserer Industriellen und unserer Kaufleute, die schon so Hervorragendes in Brasilien geleistet haben. Diese waren die Pioniere und sind noch heute die eigentlichen Träger einer besonnenen und sachkundigen überseeischen Interessen-Politik, wie wir sie bisher betrieben haben und im neuen Jahrhundert mit verstärkten Kräften und im vergrösserten Maasstabe weiter betreiben wollen und müssen zum Nutzen und Gedeihen unseres Vaterlandes.

Druck von
Ackermann & Wulff Nachflg. Grosardt & Gowa,
Hamburg.

FSC
www.fsc.org
MIX
Papier | Fördert
gute Waldnutzung
FSC® C083411

Kolibri 360 GmbH
Ferdinand-Jühlke-Straße 7
99095 Erfurt, Deutschland
produktsicherheit@kolibri360.de